Aventuras Numéricas:

Explora, Aprende y Diviértete

Escanea para recibir información y
recursos gratuitos

También puedes escribir a
mariledys@educkidsonline.com

¡Bienvenidos a "Aventuras Numéricas"!

¡Prepárate para embarcarte en un emocionante viaje lleno de exploración, aprendizaje y diversión en el mundo de las matemáticas! En este libro, los niños descubrirán un universo de números fascinante que les permitirá desarrollar sus habilidades matemáticas mientras se divierten.

Explora los Secretos del Mundo Numérico:

- **Sumas y Restas:** Ejercitemos éstas operaciones aritméticas de 5 y 6 dígitos con diferentes planteamientos que te ayudarán a resolver problemas matemáticos y situaciones cotidianas.
- **Multiplicación y División:** Descubre cómo la multiplicación y la división pueden ayudarnos a resolver problemas del mundo real. Aprenderás a usar estas operaciones de manera creativa y emocionante.
- **Valor Posicional:** Descubriremos cómo el lugar que ocupa un dígito en un número determina su valor. Aprenderemos a identificar y entender el valor de cada posición, desde unidades, decenas, centenas y más.
- **Fracciones:** Sumérgete en el mundo de las fracciones mientras exploras cómo se relacionan con situaciones cotidianas y desafíos numéricos. ¿Listo para dividir una pizza en partes iguales o repartir una barra de chocolate entre amigos?
- **Medidas de Capacidad:** Descubre cómo medir diferentes cantidades y capacidades en situaciones prácticas y divertidas. ¿Cuánta agua puede contener una piscina? ¿Y cuánta comida necesitamos para una fiesta?
- **Planos de Coordenadas:** Domina los planos de coordenadas mientras resuelves misterios y encuentras tesoros ocultos. ¡Usa tus habilidades para descifrar códigos y encontrar el camino correcto hacia la victoria!

- **Unidades de Medidas:** exploraremos las unidades de medida que nos ayudan a cuantificar la longitud, la masa y la capacidad. A través de actividades prácticas y ejemplos cotidianos, los niños aprenderán a aplicar estas unidades de medida en situaciones reales, desarrollando habilidades esenciales para la vida diaria y la resolución de problemas.
- **Números Ordinales:** Nos ayudan a ordenar objetos o eventos en una secuencia. Aprenderemos a identificar y utilizar los números ordinales. Descubriremos cómo se escriben y pronuncian, así como su importancia en la vida cotidiana. Además, nos divertiremos con actividades interactivas y ejercicios prácticos para reforzar este concepto fundamental en matemáticas.

¡Únete a la Emoción de las "Aventuras Numéricas"!

Este libro pertenece a:

NOTAS

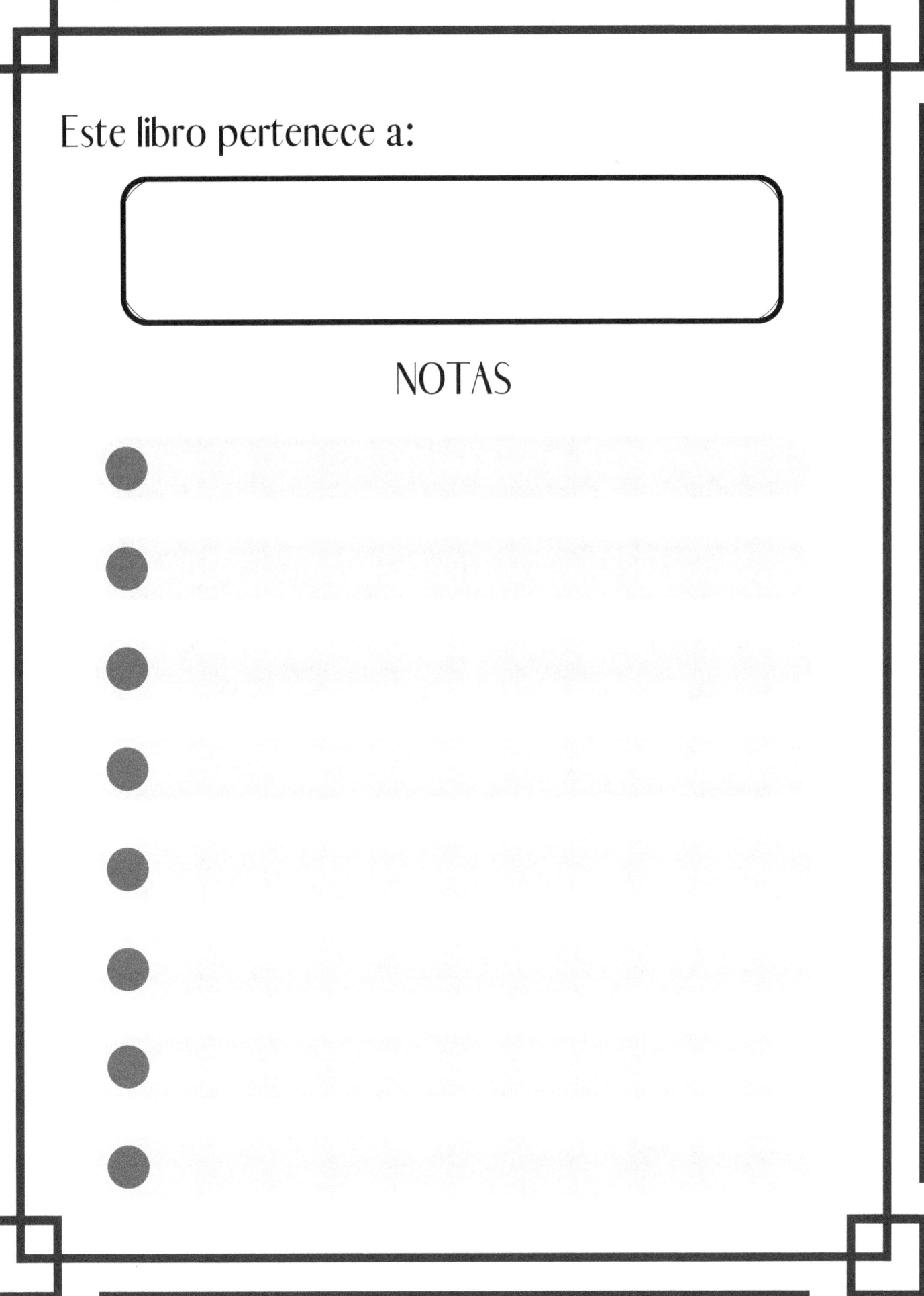

ÍNDICE

9 SUMAS

15 RESTAS

19 VALOR POSICIONAL

26 MULTIPLICACIÓN

33 DIVISIÓN

40 FRACCIONES

46 PLANO DE COORDENADAS

ÍNDICE

49 UNIDADES DE MÉDIDAS

72 NÚMEROS ORDINALES

SUMAR NÚMEROS GRANDES

Resuelve las sumas de 5 dígitos

16.573	25.903	36.885	58.944	45.322 +
14,928	+ 75.859	+ 57.573	+ 45.943	+ 54.264

74.932	83.930	13,213	14.392	43.242
74.931	+ 25.632	+ 21,937	+ 15.883	+ 39.224

53.246	29,322	12,298	69.392	38.983
42.038	+ 33.993	39.839	+ 34.827	+ 13,223

35.292	13.938	20.938	56.388	46.892
17.202	+ 14,992	+ 13,993	+ 33.992	+ 29.023

SUMAR NÚMEROS GRANDES

Resuelve las sumas de 6 dígitos

854.354	754.834	938.575	208,422	350.482
+ 255.681	+ 759.387	+ 398,756	+ 627,520	+ 962,908

529.045	658.392	568,904	890.523	782,433
+ 986.023	+ 423,578	+ 427,835	+ 543,809	+ 264.897

348.794	897,945	920.735	429,824	782,433
+ 348,952	+ 837,234	+ 624.875	+ 576,234	+ 649,346

984.629	649,243	982,492	846.483	778,333
+ 584,209	+ 958,933	+ 774,928	+ 232,453	+ 889.235

SUMAR NÚMEROS GRANDES

Encuentra el número que falta en cada problema.

529.045 + _____ = 986.023   423,578 + _____ = 427.835

76.489 + _____ = 84.790   357.865 + _____ = 125.969

575.852 + _____ = 753.985   247,975 + _____ = 357,975

542,986 + _____ = 927.835   120.839 + _____ 567,832

305.895 + _____ = 835.453   423,578 + _____ = 427.835

SUMAR NÚMEROS GRANDES

Resuelve cada operación.

12.353	65.722	124,244	96,972	7.532
4,324	7.533	2,343	898.800	3.421
+ 42.632	+ 54.322	+ 60.033	+ 24.642	+ 12,392

97.584	756.28	275,698	87.963	2.995
17.067	12.1803	1.742	786.452	675
+ 25.632	+ 6.548	+ 654	+ 765.412	+ 76.451

7.890	98.010	634.570	98.986	8.765
32.416	52.674	5.876	65.890	563
+ 25.212	+ 7.145	+ 39.012	+ 13.523	+ 11.356

RUEDA DE SUMAR

Encuentra y colorea la suma del número central. Observa el ejemplo

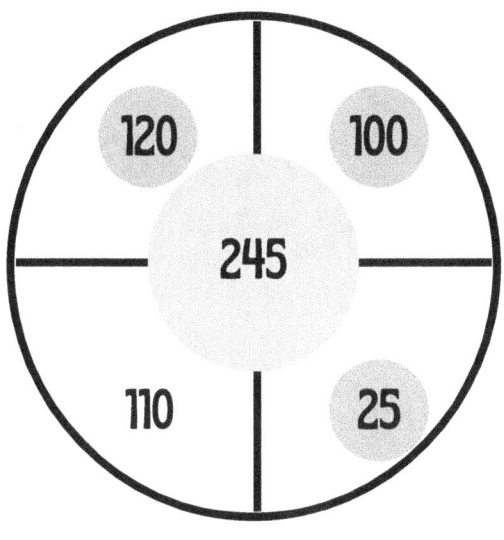

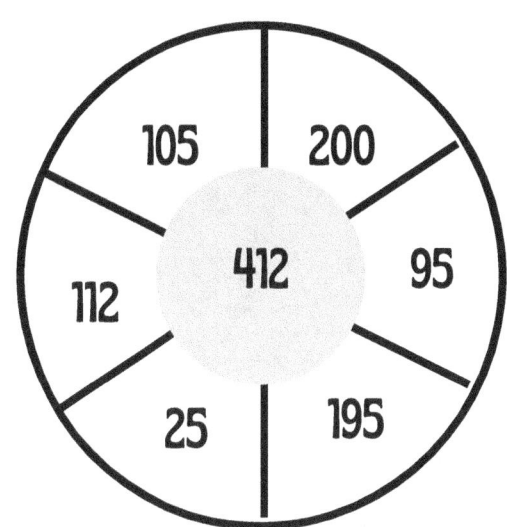

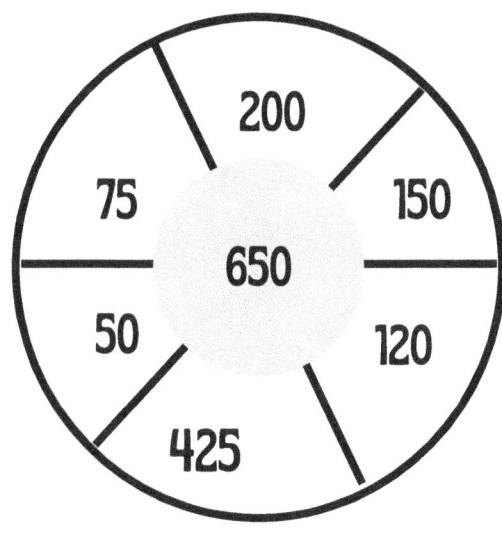

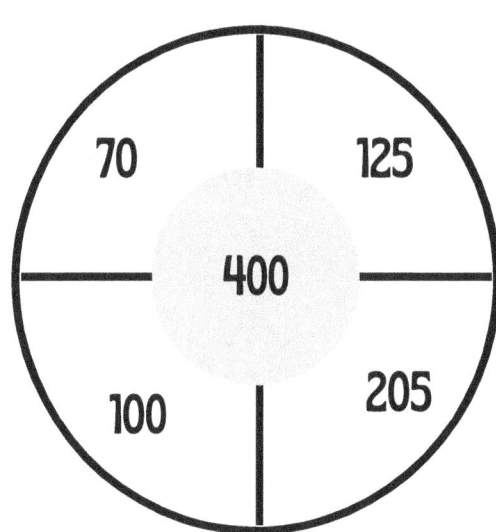

RUEDA DE SUMAR

Encuentra y colorea la suma del número central

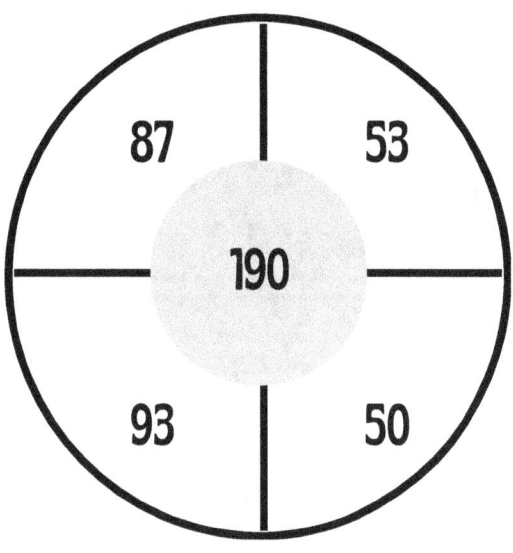

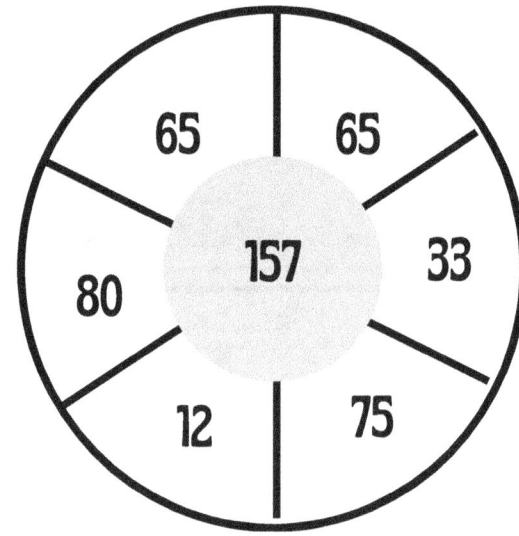

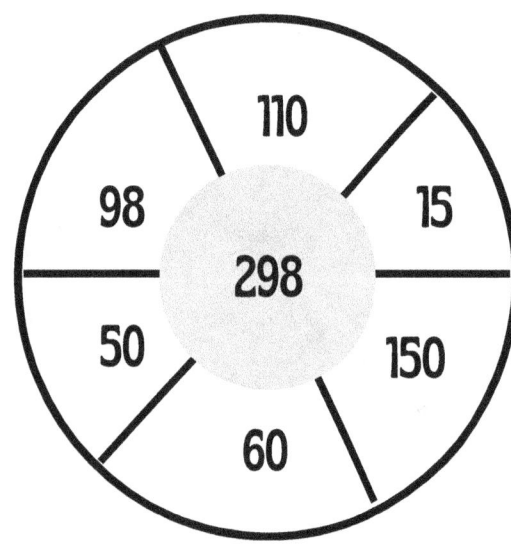

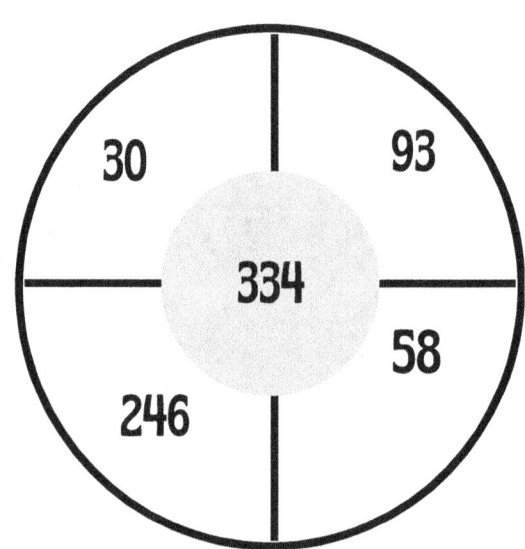

RESTAR NÚMEROS GRANDES

Resuelve las restas de 6 dígitos

854.354	973.952	938.575	471.358	897.453
- 354.512	- 759.387	- 398,756	- 241.906	- 753.927

865.865	753.498	418.342	890.523	782.533
- 354.187	- 538.098	- 356.317	- 543.809	- 264.897

964.154	897.945	920.735	654.159	782.433
- 348.952	- 837.234	- 624.875	- 576.234	- 149.346

984.629	531.035	941.427	846.483	542.679
- 584.209	- 345.931	- 774.928	- 232,453	- 495.274

RESTAR NÚMEROS GRANDES

Resuelve las restas de 6 dígitos

357.925	658.947	645.285	423.637	905.753
- 257.374	- 437.936	- 426.482	- 179.538	- 876.132

530.725	835.516	178.954	962.543	645.297
- 56.745	- 643.486	- 67.834	- 486.259	- 342.368

564.296	756.476	846.638	538.498	819.649
- 248.576	- 543.253	- 436.387	- 327.590	- 365.938

698.078	698.408	864.774	923.387	456.234
- 603.756	- 524.264	- 356.928	- 312.453	- 236.135

RUEDA DE RESTAR

Completa la rueda con los resultados de las restas

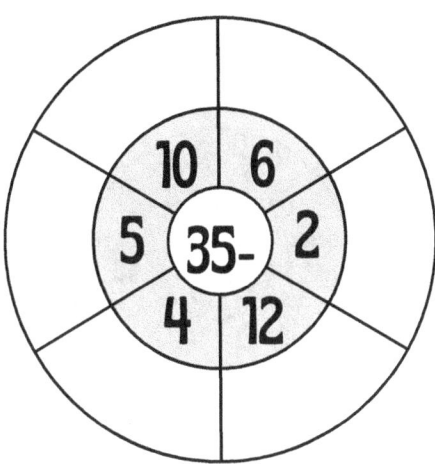

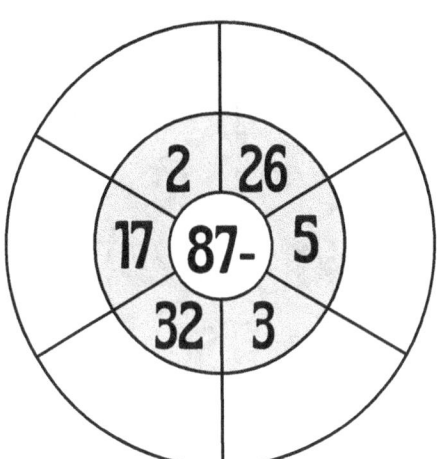

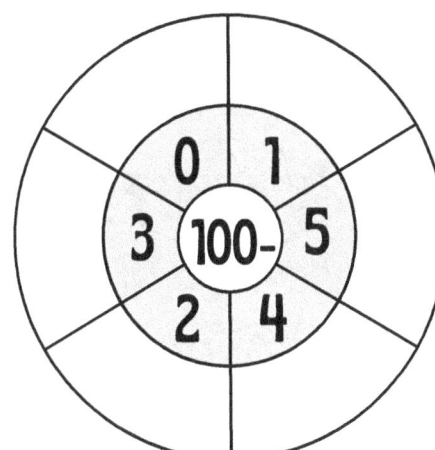

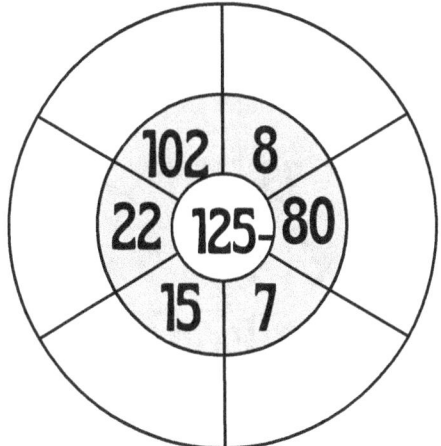

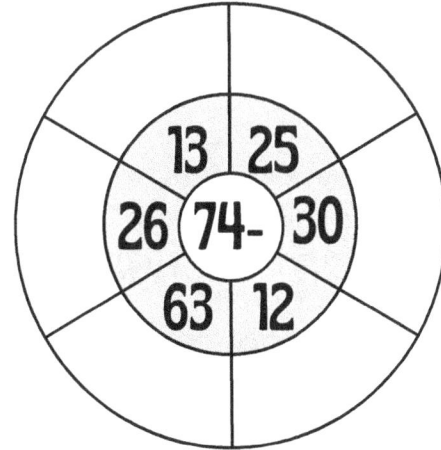

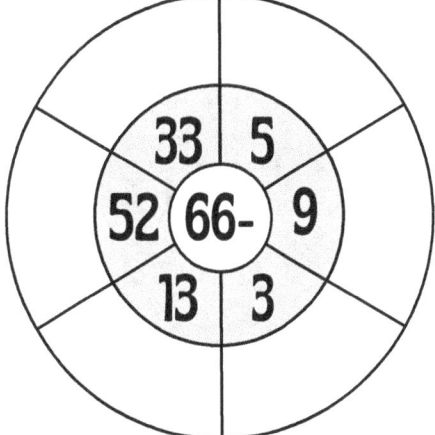

RUEDA DE RESTAS

Completa la rueda con los resultados de las restas

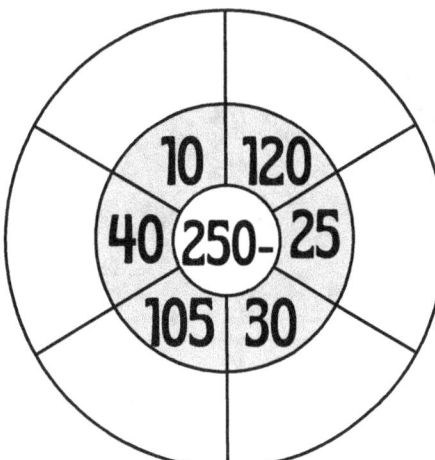

10 | 120
40 | 250- | 25
105 | 30

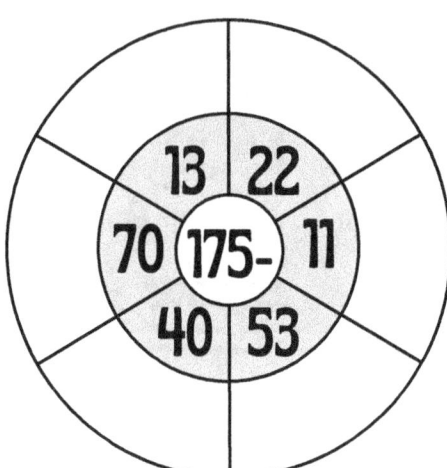

13 | 22
70 | 175- | 11
40 | 53

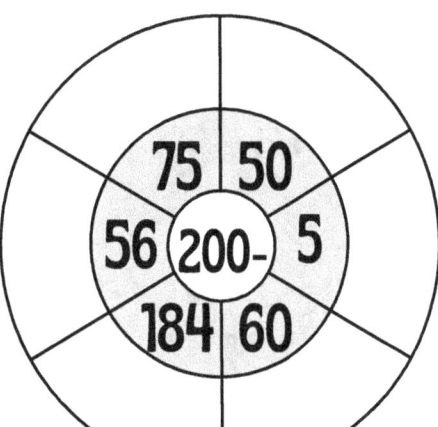

75 | 50
56 | 200- | 5
184 | 60

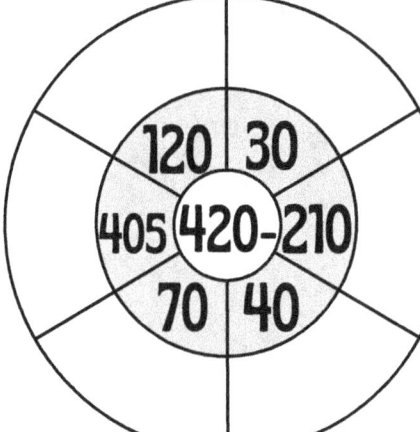

120 | 30
405 | 420- | 210
70 | 40

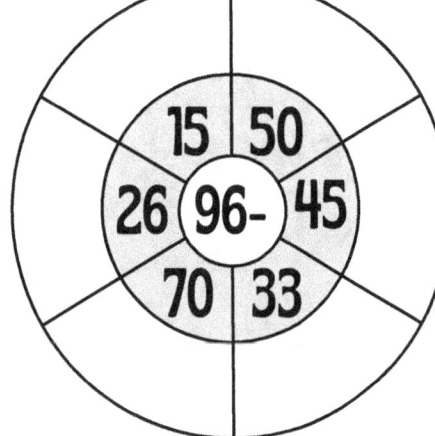

15 | 50
26 | 96- | 45
70 | 33

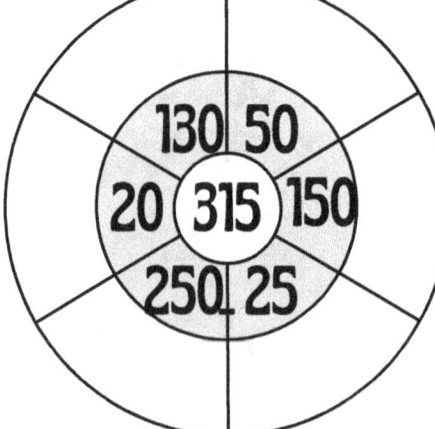

130 | 50
20 | 315 | 150
250 | 25

18

VALOR POSICIONAL

Coloca cada cifra en su posición

466

Centenas	Decenas	Unidades

854

Centenas	Decenas	Unidades

705

Centenas	Decenas	Unidades

86

Centenas	Decenas	Unidades

127

Centenas	Decenas	Unidades

VALOR POSICIONAL

Coloca cada cifra en su posición

1.025

Unidades de Mil	Centenas	Decenas	Unidades

4.379

Unidades de Mil	Centenas	Decenas	Unidades

4.503

Unidades de Mil	Centenas	Decenas	Unidades

8.948

Unidades de Mil	Centenas	Decenas	Unidades

VALOR POSICIONAL

Coloca cada cifra en su posición

54.754

Decenas de Mil	Unidades de Mil	Centenas	Decenas	Unidades

60.295

Decenas de Mil	Unidades de Mil	Centenas	Decenas	Unidades

31.290

Decenas de Mil	Unidades de Mil	Centenas	Decenas	Unidades

23.087

Decenas de Mil	Unidades de Mil	Centenas	Decenas	Unidades

VALOR POSICIONAL

Coloca cada cifra en su posición

650.834

Centenas de Mil	Decenas de Mil	Unidades de Mil	Centenas	Decenas	Unidades

532.054

Centenas de Mil	Decenas de Mil	Unidades de Mil	Centenas	Decenas	Unidades

769.251

Centenas de Mil	Decenas de Mil	Unidades de Mil	Centenas	Decenas	Unidades

942.692

Centenas de Mil	Decenas de Mil	Unidades de Mil	Centenas	Decenas	Unidades

VALOR POSICIONAL

Marca con una cruz la respuesta correcta.

¿ Qué número está formado por...?

7 Unidades

3 Decenas

4 Centenas

8 Unidades de Mil

(7.348) (8.437) (8.473) (7.384)

¿Qué número está formado por...?

9 Decenas

1 Unidad de Millar

9 Centenas

2 Unidades

(9.192) (1.992) (9.291) (1.299)

VALOR POSICIONAL

Marca con una cruz la respuesta correcta.

¿Qué número está formado por...?

2 Decenas

2 Unidades de Millar

2 Unidades

| 2.202 | 2.220 | 222 | 2.022 |

¿Qué número está formado por...?

4 Centenas

2 Unidades

9 Decenas

4 Unidades de Mil

| 4.294 | 9.424 | 4.492 | 2.944 |

VALOR POSICIONAL

Marca con una cruz la respuesta correcta.

¿Qué número está formado por 9 C, 5D y 3U?

| 539 | 953 | 395 | 9.053 |

¿Qué número está formado por 7C y 8U?

| 780 | 78 | 708 | 807 |

¿Qué número está formado por 2UM, 5C, 6D y 5U?

| 6.552 | 2.565 | 2.655 | 5.652 |

¿Qué número está formado por 5D y 2U?

| 25 | 520 | 52 | 502 |

¿Qué número está formado por 6U, 4D, 9C?

| 464 | 964 | 9046 | 946 |

MULTIPLICACIÓN: DECENAS, CENTENAS, UNIDADES DE MIL

Colorea la casilla con la respuesta correcta

El resultado de 9 x 10 es...

99	90	190	109

El resultado de 86 x 10 es...

806	860	8.600	86

El resultado de 75 x 100 es...

750	7.050	7.500	75.000

El resultado de 25 x 100 es...

2.500	250	125	25.000

MULTIPLICACIÓN: DECENAS, CENTENAS, UNIDADES DE MIL

Colorea la casilla con la respuesta correcta

El resultado de 225 x 10 es...

| 225 | 2.225 | 1.225 | 2.250 |

El resultado de 70 x 1.000 es...

| 7.000 | 70.000 | 70.100 | 700 |

El resultado de 75 x 1.000 es...

| 750 | 7.050 | 7.500 | 75.000 |

El resultado de 96 x 1.000 es...

| 900 | 96.000 | 9.600 | 96.100 |

MULTIPLICACIÓN: DECENAS, CENTENAS, UNIDADES DE MIL

Resuelve las siguientes multiplicaciones

- 25 x 100 =
- 242 x 100 =
- 45 x 100 =
- 310 x 100 =
- 2035 x 100 =
- 345 x 100 =
- 100 x 100 =
- 1348 x 100 =

- 54 x 1000 =
- 75x 1000 =
- 726 x 1000 =
- 2150 x 1000 =
- 853 x 1000 =
- 328 x 1000 =
- 250 x 1000 =
- 3954 x 1000 =

RUEDA DE MULTIPLICAR

Completa la rueda. Multiplicación del 1 al 9

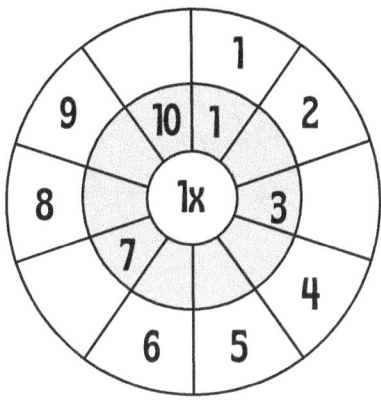
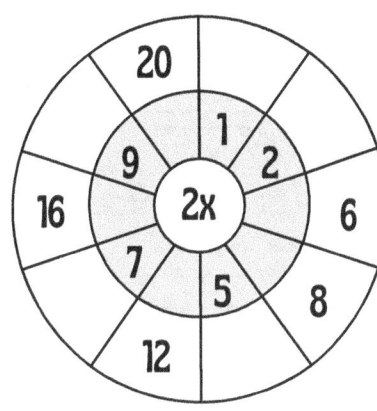
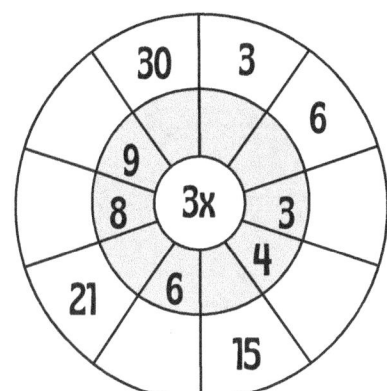

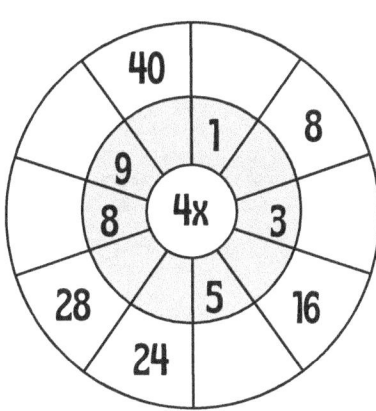
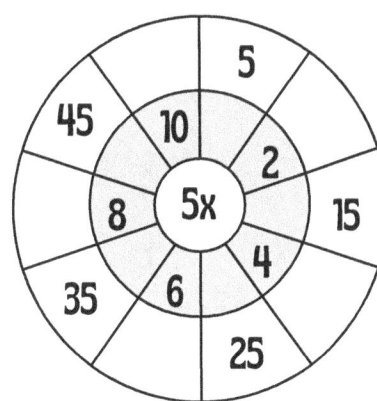
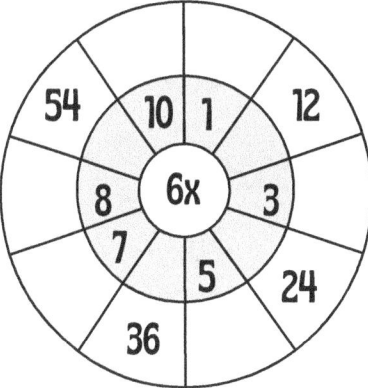

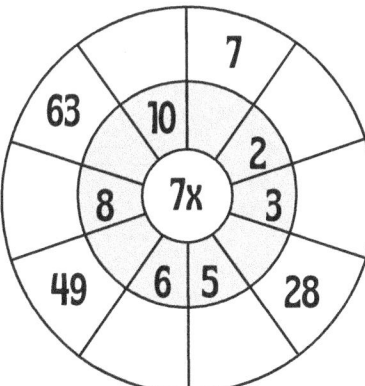
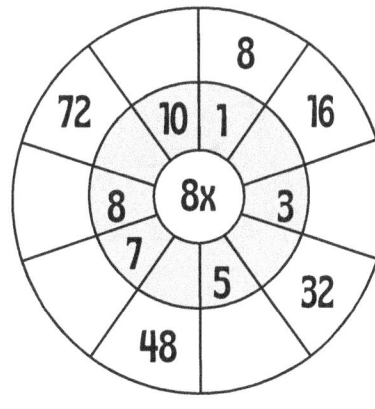
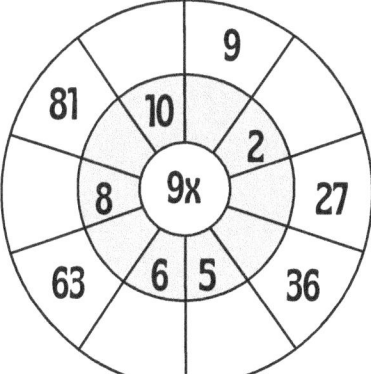

MULTIPLICACIÓN

Resuelve las siguientes operaciones

4.648	6.704	12.765	1.634	3.951
x 5	x 3	x 7	x 8	x 6

45.843	5.646	25.180	60.543	72.958
x 2	x 8	x 4	x 9	x 5

65.842	8.406	30.745	3.098	142.329
x 3	x 9	x 7	x 8	x 6

6.907	17.312	3579	21.346	56.212
x 5	x 2	x 4	x 9	x 8

MULTIPLICACIÓN

Resuelve las siguientes operaciones

$$7.459 \times 23$$

$$9.230 \times 53$$

$$2.643 \times 16$$

$$6.208 \times 54$$

$$3.543 \times 83$$

$$1649 \times 29$$

$$5.263 \times 45$$

$$3.938 \times 74$$

$$9.538 \times 67$$

MULTIPLICACIÓN

Resuelve las siguientes operaciones

2.965
x   32

4.287
x   70

9.034
x   64

3.737
x   15

6.482
x   94

8.406
x   83

56.234
x   32

42.462
x   59

76.843
x   46

DIVISIÓN

Resuelve las siguientes operaciones

$9 \div 3$

$8 \div 6$

$7 \div 2$

$5 \div 5$

$9 \div 4$

$4 \div 2$

$6 \div 3$

$7 \div 4$

DIVISIÓN

Resuelve las siguientes operaciones

65 | 3

121 | 5

137 | 6

199 | 9

DIVISIÓN

Resuelve las siguientes operaciones

162 ⌐ 7

242 ⌐ 5

148 ⌐ 4

74 ⌐ 2

DIVISIÓN

Colorea la respuesta correcta.

El resultado de 20 : 4 es...

| 6 | 4 | 2 | 5 |

El resultado de 12 : 2 es...

| 6 | 5 | 8 | 3 |

El resultado de 24 : 3 es...

| 9 | 8 | 6 | 9 |

El resultado de 25 : 5 es...

| 8 | 4 | 5 | 6 |

DIVISIÓN

Colorea la respuesta correcta.

El resultado de 36 : 6 es...

| 8 | 6 | 3 | 7 |

El resultado de 40 : 5 es...

| 7 | 9 | 8 | 7 |

El resultado de 81 : 9 es...

| 9 | 5 | 8 | 7 |

El resultado de 42 : 6 es...

| 6 | 9 | 4 | 7 |

DIVISIÓN

Colorea la respuesta correcta.

El resultado de 42 : 3 es...

| 11 | 21 | 14 | 16 |

El resultado de 34 : 2 es...

| 14 | 16 | 15 | 17 |

El resultado de 57 : 3 es...

| 17 | 19 | 23 | 16 |

El resultado de 64 : 4 es...

| 13 | 17 | 16 | 21 |

DIVISIÓN

Colorea la respuesta correcta.

El resultado de 14: 7 es...

2	3	14	12

El resultado de 90 : 5 es...

16	14	18	15

El resultado de 64 : 8 es...

64	8	9	7

El resultado de 126 : 9 es...

14	11	10	9

FRACCIONES

Sombrea las partes para representar la fracción.

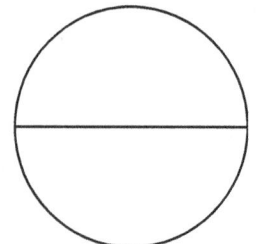 $\dfrac{1}{2}$ 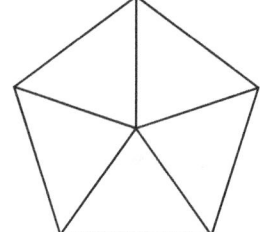 $\dfrac{2}{5}$

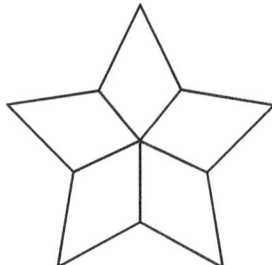 $\dfrac{1}{5}$ 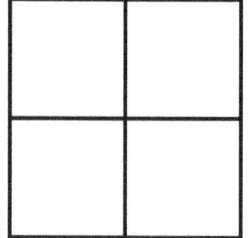 $\dfrac{3}{4}$

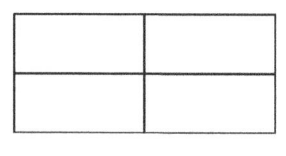 $\dfrac{1}{2}$ 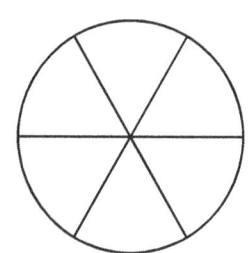 $\dfrac{5}{6}$

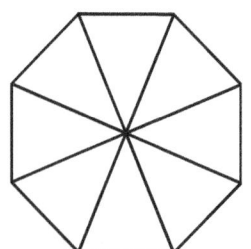 $\dfrac{3}{8}$ 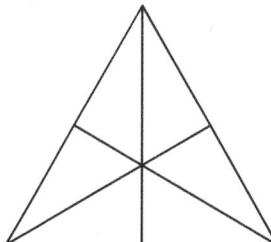 $\dfrac{1}{6}$

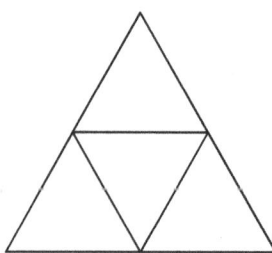 $\dfrac{1}{4}$ 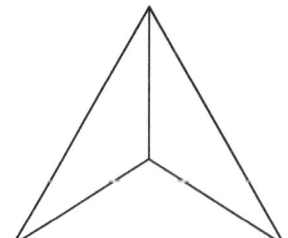 1

FRACCIONES

Escribe la fracción que representa cada parte sombreada

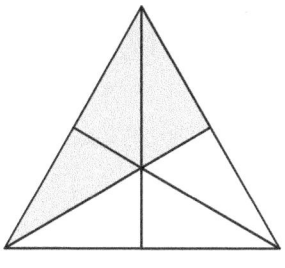  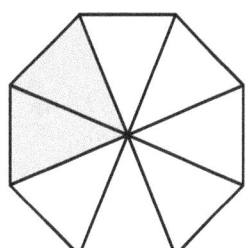 

  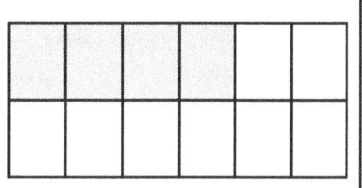 

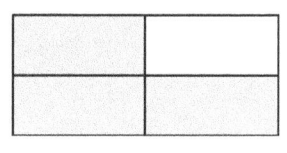  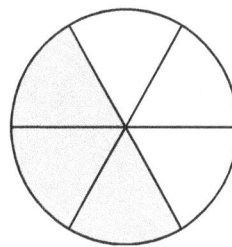 

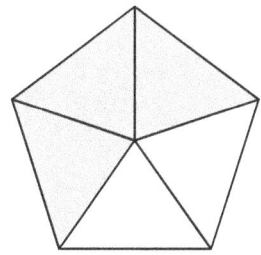  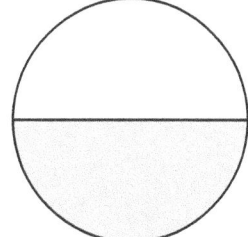 

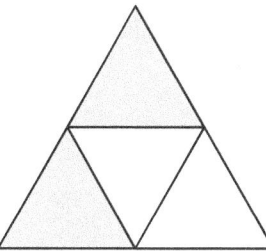  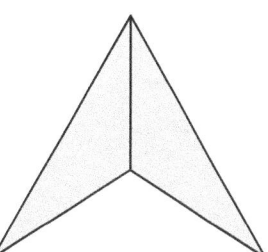 

FRACCIONES

Encierra en un círculo la fracción que representa la parte sombreada

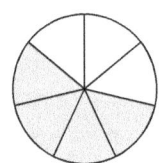

$$\frac{1}{2} \qquad \frac{3}{4} \qquad \frac{1}{4} \qquad \frac{2}{6}$$

$$\frac{2}{4} \qquad \frac{7}{8} \qquad \frac{3}{8} \qquad \frac{1}{8}$$

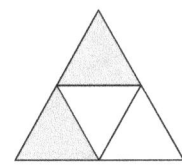

$$\frac{4}{7} \qquad \frac{2}{3} \qquad \frac{4}{8} \qquad \frac{3}{7}$$

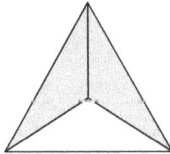

$$\frac{5}{5} \qquad \frac{4}{6} \qquad \frac{1}{5} \qquad \frac{4}{5}$$

$$\frac{3}{4} \qquad \frac{2}{2} \qquad \frac{1}{2} \qquad \frac{1}{4}$$

$$\frac{2}{3} \qquad \frac{1}{3} \qquad \frac{3}{3} \qquad \frac{3}{2}$$

FRACCIONES

Marca con una cruz la respuesta correcta

¿Cuál fracción es dos quintos?

| $\dfrac{12}{5}$ | $\dfrac{2}{15}$ | $\dfrac{2}{15}$ | $\dfrac{2}{50}$ | $\dfrac{2}{5}$ |

¿Cuál fracción es seis medios?

| $\dfrac{6}{2}$ | $\dfrac{6}{12}$ | $\dfrac{6}{20}$ | $\dfrac{16}{2}$ | $\dfrac{6}{3}$ |

¿Cuál fracción es cinco octavos?

| $\dfrac{5}{18}$ | $\dfrac{15}{8}$ | $\dfrac{5}{5}$ | $\dfrac{5}{8}$ | $\dfrac{8}{5}$ |

¿Cuál fracción es tres cuartos?

| $\dfrac{3}{40}$ | $\dfrac{3}{4}$ | $\dfrac{3}{15}$ | $\dfrac{3}{50}$ | $\dfrac{3}{40}$ |

FRACCIONES

Marca con una cruz la respuesta correcta

¿Cuál fracción es un tercio?

$\dfrac{3}{1}$	$\dfrac{13}{1}$	$\dfrac{1}{13}$	$\dfrac{1}{3}$	$\dfrac{1}{30}$

¿Cuál fracción es ocho quintos?

$\dfrac{5}{2}$	$\dfrac{5}{8}$	$\dfrac{8}{5}$	$\dfrac{8}{50}$	$\dfrac{8}{15}$

¿Cuál fracción es un noveno?

$\dfrac{9}{1}$	$\dfrac{1}{9}$	$\dfrac{19}{1}$	$\dfrac{90}{1}$	$\dfrac{1}{90}$

¿Cuál fracción es siete décimos?

$\dfrac{10}{7}$	$\dfrac{10}{10}$	$\dfrac{7}{10}$	$\dfrac{7}{70}$	$\dfrac{7}{7}$

FRACCIONES DE PIZZA

¡La fiesta de pizzas fue genial! ¿Cuántas pizzas quedaron?
Escribe tus respuestas como fracciones.

COORDENADAS

Encuentra y anota la coordenada de cada elemento.

Columnas

	A	B	C	D	Y	F	G	H	I
1	🥁						△		
2			🪇						🎷
3					🎹				
4									
5				🪘				🎻	
6		🎸							
7					🎼				
8									🪘
9		🎸				🪗			

Filas

(**A** , **1**)   (......., ...)   (......., ...)   (......., ...)   (......., ...)   (......., ...)

Columna   Fila

(......., ...)   (......., ...)   (......., ...)   (......., ...)   (......., ...)   (......., ...)

COORDENADAS PIRATAS

Anota la ubicación de cada elemento pirata

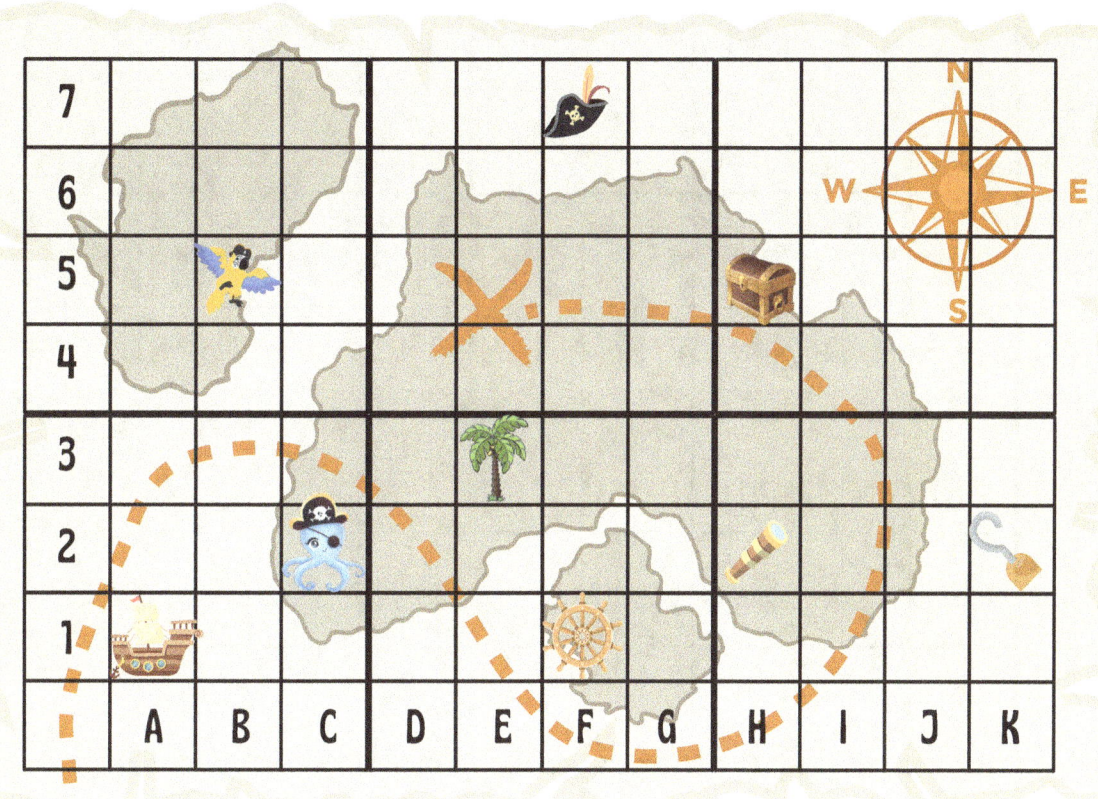

	🐙	🌴	⛵	🧰	🔭	🦜	⚓	🪝	🎩
C									
2									

COORDENADAS: LECTURA DE MAPAS

Describe las características de cada coordenada.

	A	B	C	D	E	F	G	H
1								
2								
3								
4								
5								
6								
7								
8								

H1 _____   D3 _____

G6 _____   A8 _____

F2 _____   H4 _____

Se utilizan para medir el peso, el tamaño de objetos, la longitud o distancia, capacidad,

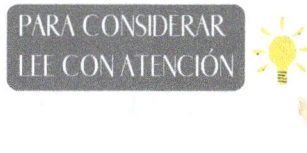

LONGITUD

El largo de un objeto o persona, la distancia que existe entre un punto y otro.

La principal unidad de longitud es el metro= m

EQUIVALENCIAS

1 Kilometro= 1.000 metros (m)
1 m= 100 Centímetros (cm)
1 cm= 10 Milímetros (mm)

MASA

El peso que puede tener un objeto o alguna materia.

La unidad de medida para masa es el kilogramo (kg)

EQUIVALENCIAS

1 Kilogramo= 1.000 gramos (g)
1 g= 1.000 Miligramos (mg)

CAPACIDAD

Se utiliza para medir líquidos.

La unidad principal para medir la capacidad es el litro (l)

EQUIVALENCIAS

1.000 mililitros (ml) = 1 Litro (l)

UNIDADES DE MEDIDAS: LONGITUD

Mide la longitud de cada lápiz y escribe

UNIDADES DE MEDIDAS: LONGITUD

Mide la longitud de cada lápiz y escribe

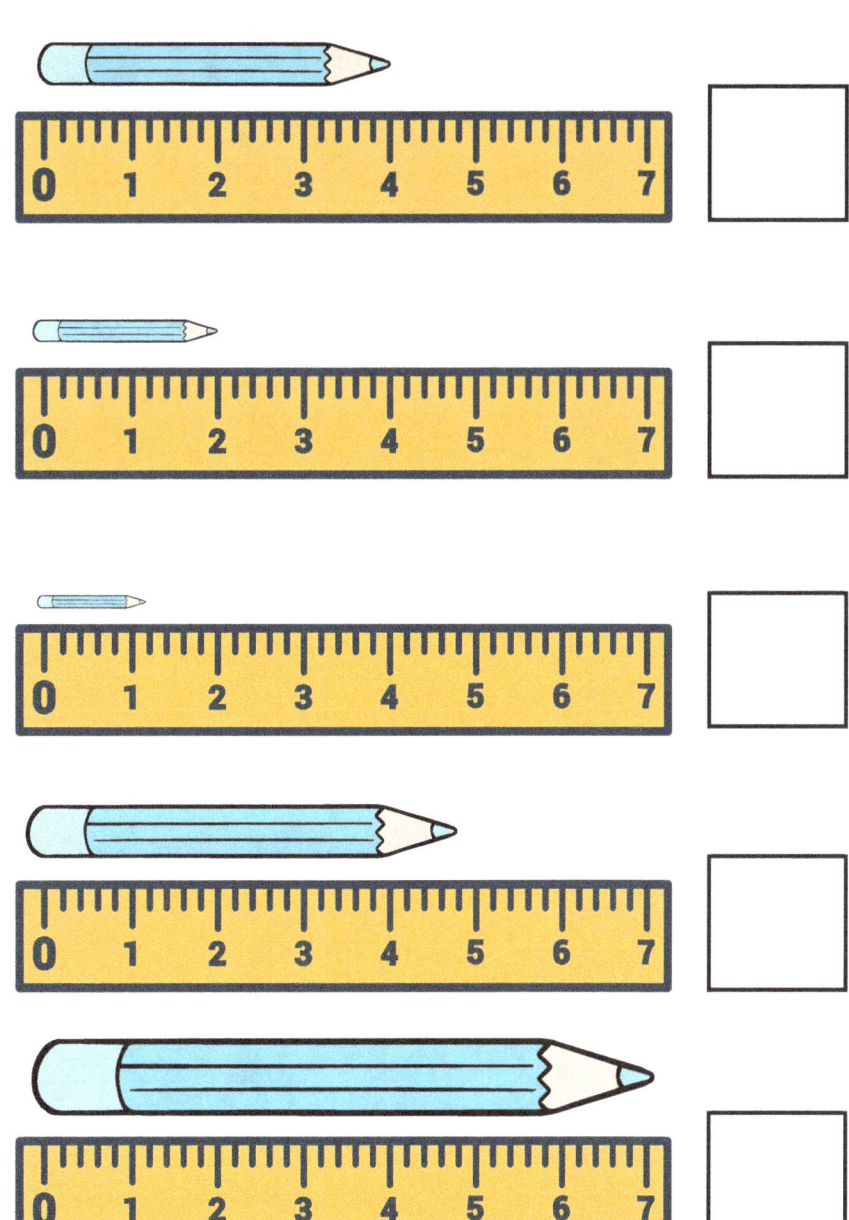

UNIDADES DE MEDIDAS: LONGITUD

Comparando alturas: observa y responde.

¿Cuál animal es el más alto?

¿Cuál animal es el más bajo?

¿Cuánto más alto es el elefante que el león?

¿Cuánto más bajo es el oso que la jirafa?

¿Cuánto más alta es la jirafa que el león?

¿Cuánto más bajo es el oso que el avestruz?

UNIDADES DE MEDIDAS: LONGITUD

Lee cada problema y responde. Recuerda expresar la medida correcta (kilómetros, metros, centímetros)

Luci persiguió su pelota 5 metros en el primer lanzamiento y 12 metros en el segundo. ¿Qué distancia recorrió?	La camisa de Chloe medía 53 centímetros de largo. Sus mangas medían 15 centímetros de largo. ¿Cuánto más cortas eran sus mangas?	Matt y Logan estaban midiendo los peces que capturaron. El pez de Matt medía 27 centímetros de largo y el de Logan 43 centímetros. ¿Cuánto miden los peces juntos?

La distancia desde la casa de Marta hasta el colegio es de 985 metros. Cuando ha recorrido 573 metros se encuentra con su amigo Marcos. ¿Cuántos metros les quedan por recorrer para llegar al colegio?	Un cisne cruza un lago 25 veces al día. Si recorre 80 m cada vez, ¿Cuántos kilómetros recorre diariamente?	Una regla mide 30 cm. Si se coloca 80 reglas iguales, una a continuación de otra, ¿Qué longitud ocupan? ¿A cuántos metros equivale?

UNIDADES DE MEDIDAS: LONGITUD

Observa con atención y responde.

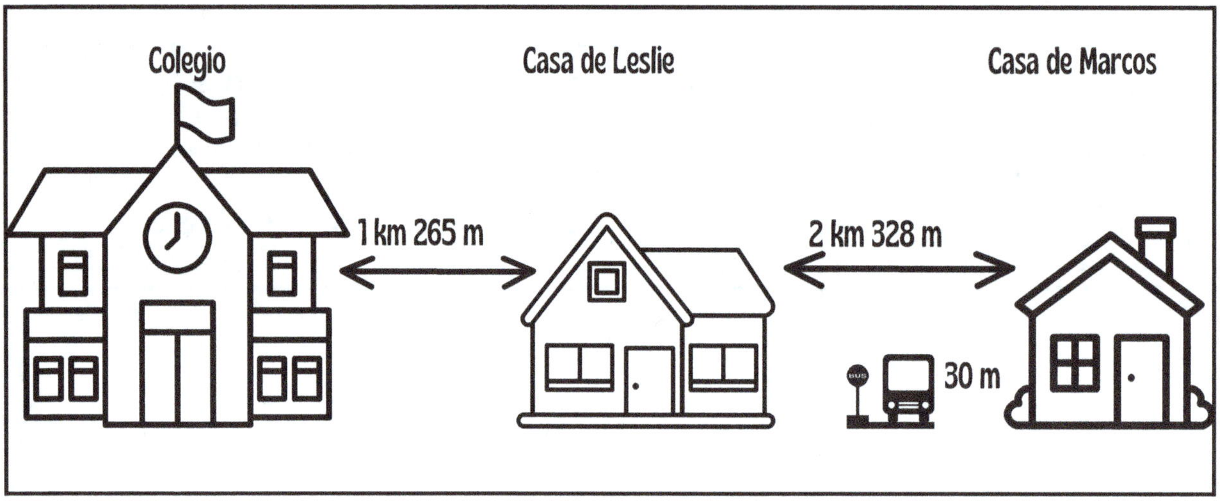

Colegio	Casa de Leslie	Casa de Marcos

1 km 265 m ← → 2 km 328 m ← → 30 m

¿A qué distancia está el colegio de la casa de Marcos?

Si Marcos sube al autobús para ir a la casa de Leslie ¿Qué distancia recorrerá?

¿Qué distancia hay entre la parada de autobús y el colegio?

Si el autobús hace 3 viajes de ida y 3 de vuelta a lo largo de la mañana desde la parada hasta el colegio ¿Qué distancia habrá recorrido en total?

UNIDADES DE MEDIDAS: LONGITUD

RETO PARA EL HOGAR:

Con ayuda de un adulto, en tu hogar, ubica los siguientes objetos ilustrados, mide su longitud según lo señalado y escribe.

Recuerda expresar la medida correcta: m, cm

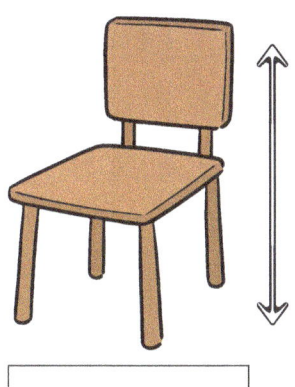

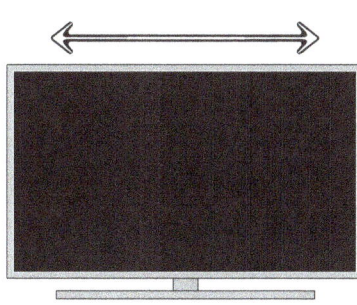

UNIDADES DE MEDIDAS: LONGITUD

RETO PARA EL HOGAR:

Con ayuda de un adulto, en tu hogar, ubica los siguientes objetos ilustrados, mide su longitud según lo señalado y escribe.

Recuerda expresar la medida correcta: m, cm

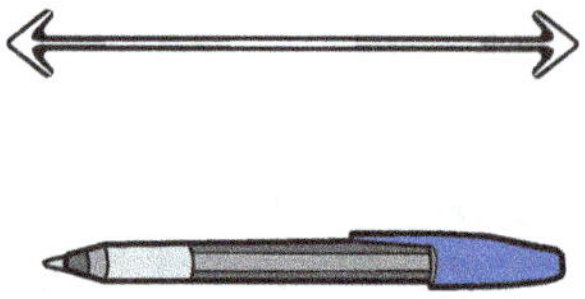

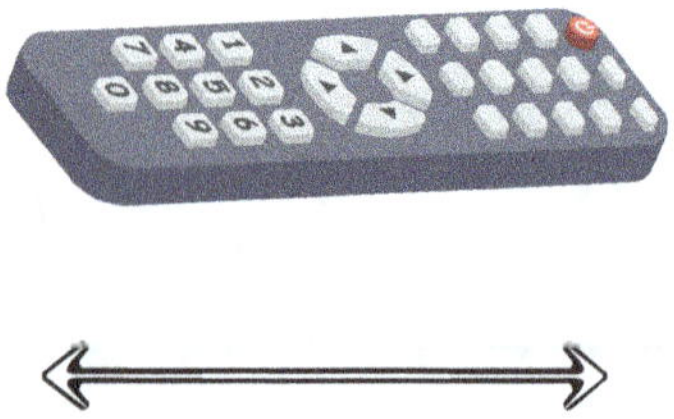

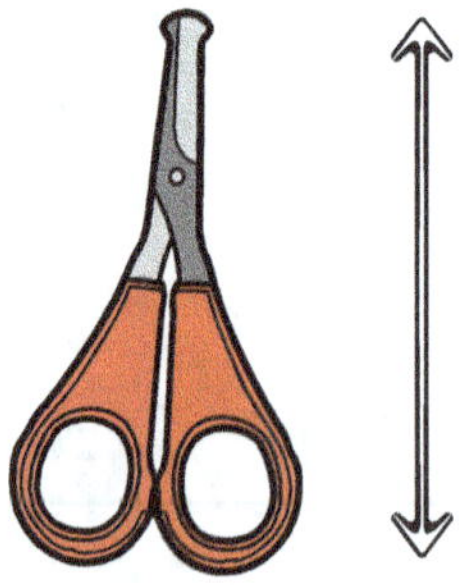

UNIDADES DE MEDIDAS: MASA

Recorta y pega cada elemento donde corresponde según su peso.

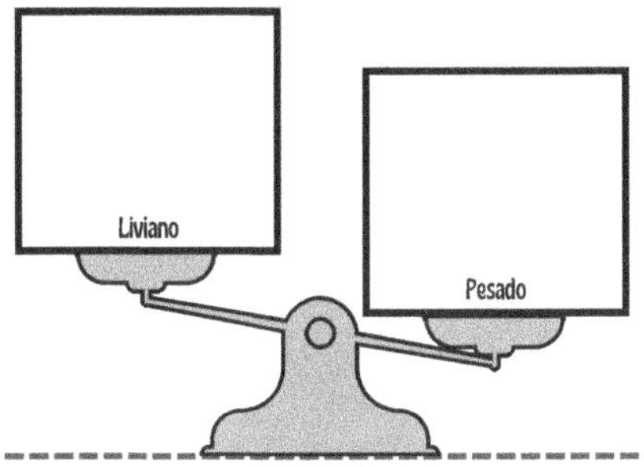

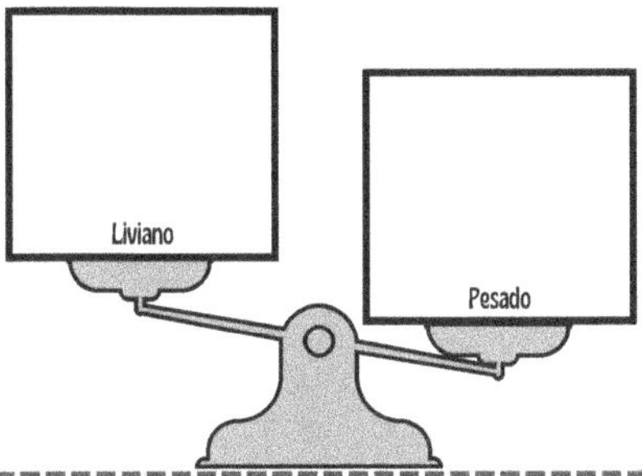

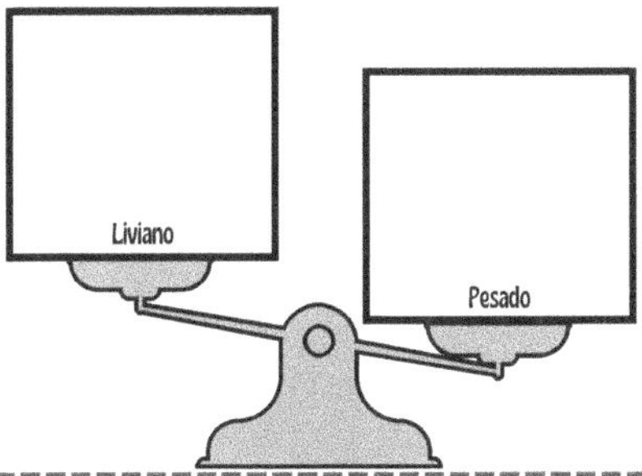

Liviano

Pesado

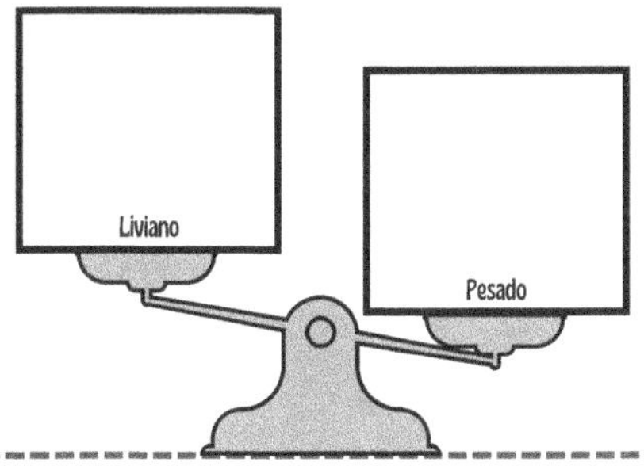

Liviano

Pesado

Liviano

Pesado

Liviano

Pesado

UNIDADES DE MEDIDAS: MASA

¿Cuánto peso hay? Une con la respuesta correcta.

Ten en cuenta que: 1 kg= 2 medios kilos= 4 cuartos de kilo

kilo · Medio kilo · Cuarto de kilo · Cuarto de kilo .... **1 kilo y medio**

Cuarto de kilo · Cuarto de kilo · Cuarto de kilo · Cuarto de kilo · Medio kilo .... **3 kilos y medio**

kilo · kilo · Cuarto de kilo · Cuarto de kilo · Medio kilo .... **1 kilo y un cuarto**

Medio kilo · Medio kilo · Cuarto de kilo .... **2 kilos**

kilo · kilo · Medio kilo · Medio kilo · Medio kilo .... **3 kilos**

UNIDADES DE MEDIDAS: MASA

¿Gramos o kilogramos? Selecciona la respuesta correcta.

150 g   5 kg

450 g   15 kg

110 g   11 kg

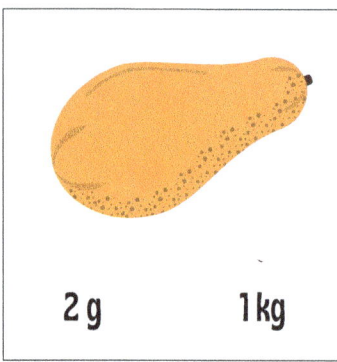

2 g   1 kg

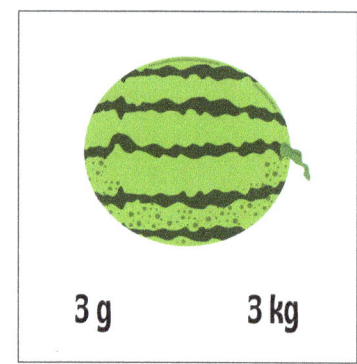

3 g   3 kg

10 g   10 kg

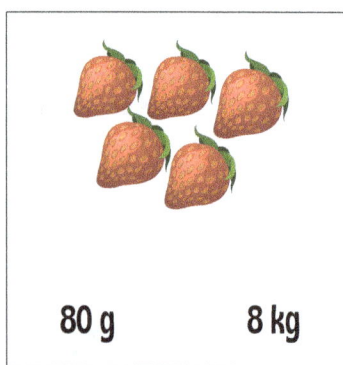

80 g   8 kg

60 g   6 kg

750 g   10 kg

UNIDADES DE MEDIDAS: MASA

Marque verdadero si lo siguiente es verdadero, marque falso si es falso.

Verdadero ◯   ◯ Falso

Verdadero ◯   ◯ Falso

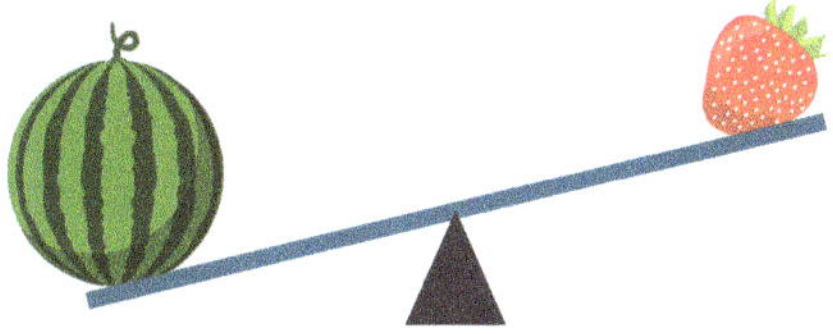

Verdadero ◯   ◯ Falso

Verdadero ◯   ◯ Falso

Verdadero ◯   ◯ Falso

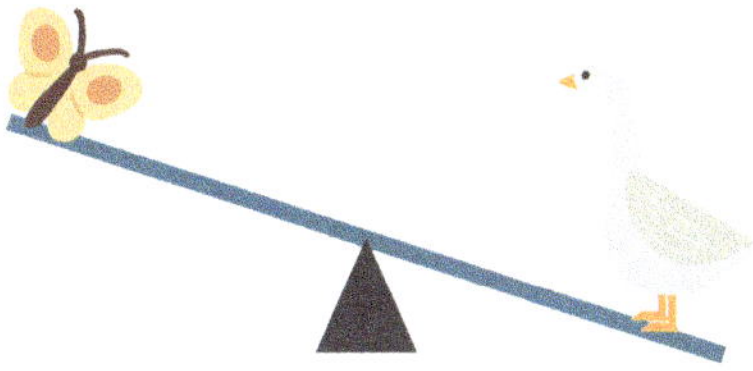

Verdadero ◯   ◯ Falso

Verdadero ◯   ◯ FALSO

61

UNIDADES DE MEDIDAS: MASA

¡Prepárate para una excursión épica!
Empaca sólo lo que realmente necesitas.

Encierra en un círculo los artículos que puedes traer y que, sumados, pesen exactamente 1 kg.

| 100 gramos | 1500 gramos | 0,150 kilogramos | 3000 gramos | 70 gramos | 60 gramos |

| 5 kilos | 0,030 kilos | 200 gramos | 0,3 kilos | 150 gramos |

UNIDADES DE MEDIDAS: MASA

Escribe las equivalencias de las unidades de peso.

Recuerda: 1 kg= 2 medios kilos= 4 cuartos de kilo

12 cuartos de kilo equivale a .... medios kilos.

6 kilos equivale a .... cuartos de kilo.

8 cuartos de kilo equivale a ....kilos.

10 kilos equivale a .... cuartos de kilo.

4 kilos equivale a .... medios kilos.

10 cuartos de kilo equivale a .... medios kilos.

2 medios kilos equivale a .... kilos.

6 kilos equivale a .... cuartos de kilo.

12 kilos equivale a .... cuartos de kilo.

UNIDADES DE MEDIDAS: MASA

RETO PARA EL HOGAR:

Con ayuda de un adulto, en tu hogar, usa la balanza y compara el peso de 4 objetos o frutas. Recuerda expresar la medida correcta: g, k.

Objeto 1.................................

Objeto 2.................................

Objeto 3.................................

Objeto 4.................................

Dibuja y ordena de mayor a menor peso los objetos o frutas anteriores

UNIDADES DE MEDIDAS: CAPACIDAD

Encierra en un círculo la medida apropiada para cada objeto.

250ml   25 litros

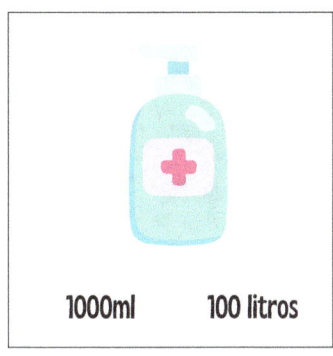

1000ml   100 litros

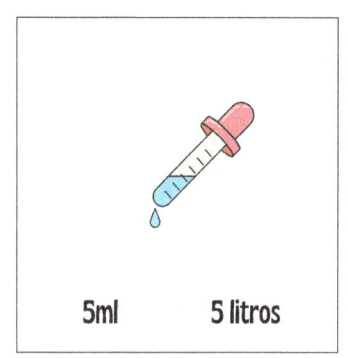

5ml   5 litros

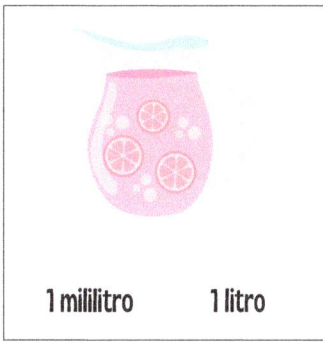

1 mililitro   1 litro

100ml   10 litros

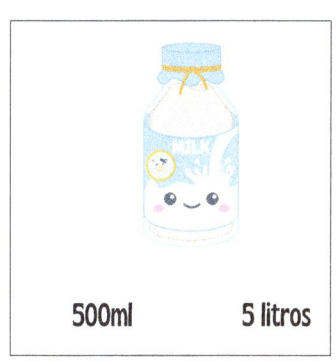

500ml   5 litros

5 litros   500ml

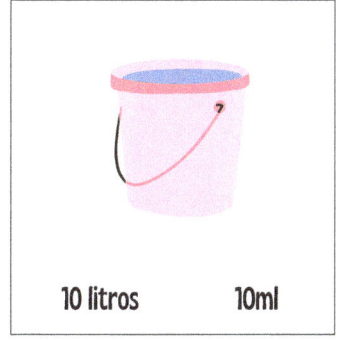

10 litros   10ml

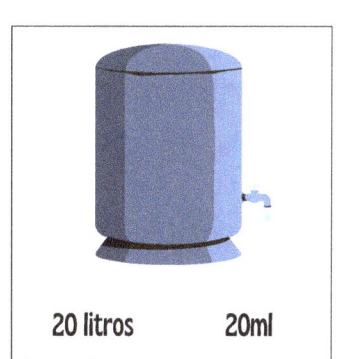

20 litros   20ml

UNIDADES DE MEDIDAS: CAPACIDAD

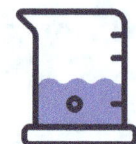

Escribe las equivalencias entre las medidas de capacidad

Recuerda: 1 l= 2 medios litros= 4 cuartos de litro

1 litro equivale a .... medios litros.

2 cuartos de litro equivale a .... medios litros.

16 cuartos de litro equivale a .... litros

9 litros equivale a .... medios litros.

4 litros equivale a .... cuartos de litro.

9 medios litros equivale a .... cuartos de litro.

8 cuartos de litro equivale a .... litros.

10 medios litros equivale a .... litros.

12 litros equivale a .... cuartos de litro.

UNIDADES DE MEDIDAS: CAPACIDAD

Lee con atención cada planteamiento y responde

¿Cuántos vasos de leche se podrán llenar con la botella que contiene 2 litros?

2 litros

1/4 l

Respuesta

¿Cuántas jarras de 1/2 litro se podrán llenar con el agua de la botella?

5 litros

1/2 l

Respuesta

¿Cuántos vasos de gaseosa se pueden llenar con el líquido de la lata?

2 litros

1/4 l

Respuesta

UNIDADES DE MEDIDAS: CAPACIDAD

Lee con atención cada planteamiento y responde

¿Cuántas tazas de 1/2 litro, se podrán llenar con el líquido del recipiente?

4 litros   1/2 l

Respuesta

¿Con cuántas tazas de 1/2 litro podre llenar el balde?

10 1/2 litros   1/2 l

Respuesta

¿Cuántas botellas de 2 l se necesitará para llenar la pecera de agua?

12 litros

2 litros

Respuesta

UNIDADES DE MEDIDAS: CAPACIDAD

Lee con atención cada planteamiento y responde

Recuerda 1000 ml = 1 l.

En la cocina, mamá tiene una jarra con 800 ml de jugo de naranja y otra con 450 ml de jugo de manzana. ¿Cuántos litros de jugo tiene en total mamá?

Juan tenía un litro de agua en una jarra y sirvió 250 ml para hacerse un vaso de leche. ¿Cuántos mililitros de agua quedan en la jarra?

Si llenamos un vaso de medio litro con agua, ¿cuántos mililitros de agua hemos usado?

Ana está preparando un ponche. Necesita medio litro de jugo de naranja, un cuarto de litro de jugo de limón y un cuarto de litro de jugo de piña. ¿Cuántos litros de jugo necesitará en total para su ponche?

UNIDADES DE MEDIDAS: CAPACIDAD

Lee con atención cada planteamiento y responde

Recuerda 1000 ml = 1 l.

En la nevera hay un envase con 2 litros de jugo de pera y otro envase con 1 litro y medio de jugo de manzana. Si mamá saca medio litro de jugo de pera y añade un cuarto de litro de jugo de naranja, ¿Cuántos litros de jugo hay ahora en total en la nevera?

El jugo de naranja viene en envases de 750 ml y el jugo de piña en envases de 500 ml. Si compramos 2 envases de jugo de naranja y 3 envases de jugo de piña, ¿Cuántos mililitros de jugo en total tenemos?

Si un niño necesita 150 ml de jarabe para la tos por día, ¿Cuántos mililitros necesitará para toda la semana?

Si una botella de jugo tiene 2 litros y queremos dividirlo en 8 partes iguales, ¿Cuántos mililitros habrá en cada parte?

NÚMEROS ORDINALES

Usamos números ordinales para fechas o el orden de algo.

1° PRIMERO	**11°** UNDÉCIMO	**20** VIGÉSIMO
2° SEGUNDO	**12°** DUODÉCIMO	**30** TRIGÉSIMO
3° TERCERO	**13°** DECIMOTERCERO	**40°** CUADRAGÉSIMO
4° CUARTO	**14°** DECIMOCUARTO	**50°** QUINCUAGÉSIMO
5° QUINTO	**15°** DECIMOQUINTO	**60°** SEXAGÉSIMO
6° SEXTO	**16°** DECIMOSEXTO	**70°** SEPTUAGÉSIMO
7° SÉPTIMO	**17°** DECIMOSÉPTIMO	**80°** OCTOGÉSIMO
8° OCTAVO	**18°** DECIMOCTAVO	**90°** NONAGÉSIMO
9° NOVENO	**19°** DECIMONOVENO	**100°** CENTÉSIMO
10° DÉCIMO		

NÚMEROS ORDINALES

Escribe debajo de cada corredor el orden correcto de su posición

NÚMEROS ORDINALES

Identifica la posición de los niños comenzando desde la izquierda. Escribe en símbolos.

Carlos   Zed   Marcos   Leo   Kate

John   Caro   Karla   Ben   Ana

John:	SEXTO/ 6°	**Marcos:**	
Zed:		**Carlos:**	
Ben:		**Leo:**	
Kate:		**Ana:**	
Caro:		**Karla:**	

NÚMEROS ORDINALES

Relaciona con su correspondiiente

4° •   • Quinto

8° •   • Tercero

2° •   • Octavo

6° •   • Séptimo

7° •   • Cuarto

3° •   • Segundo

10° •   • Primero

9° •   • Noveno

1° •   • Sexto

5° •   • Décimo

NÚMEROS ORDINALES

Relaciona con su correspondiiente

17° •	• VIGÉSIMO
11° •	• DECIMOCTAVO
20° •	• UNDÉCIMO
15° •	• DUODÉCIMO
19° •	• DECIMOTERCERO
13° •	• DECIMOSÉPTIMO
12° •	• DECIMOQUINTO
18° •	• DECIMOCUARTO
14° •	• DECIMOQUINTO
15° •	• DECIMONOVENO

Escribe los números ordinales en palabras

7°

12°

20°

5°

27°

5°

40°

11°

18°

22°

NÚMEROS ORDINALES

Coloca una V si es verdadero el planteamiento y una F es si falso

El ratón está en el quinto lugar.

El elefante está en el octavo lugar.

El erizo está en el undécimo lugar.

El cocodrilo está en el undécimo lugar.

El pato está en el quinto lugar.

El caracol está en el cuarto lugar.

El conejo esta en el primer lugar.

El zorro esta en el décimo lugar.

La tortuga está en el segundo lugar.

La rana está en el cuarto lugar.

La ardilla está en el octavo lugar.

NÚMEROS ORDINALES

Encuentra el nombre del número ordinal que encaje horizontal o verticalmente en los espacios vacíos. Lee las pistas debajo del crucigrama para ayudarte a encontrar las respuestas. Escribe una letra en cada cuadro vacío para formar una palabra. ¡Diviértete resolviendo el crucigrama!

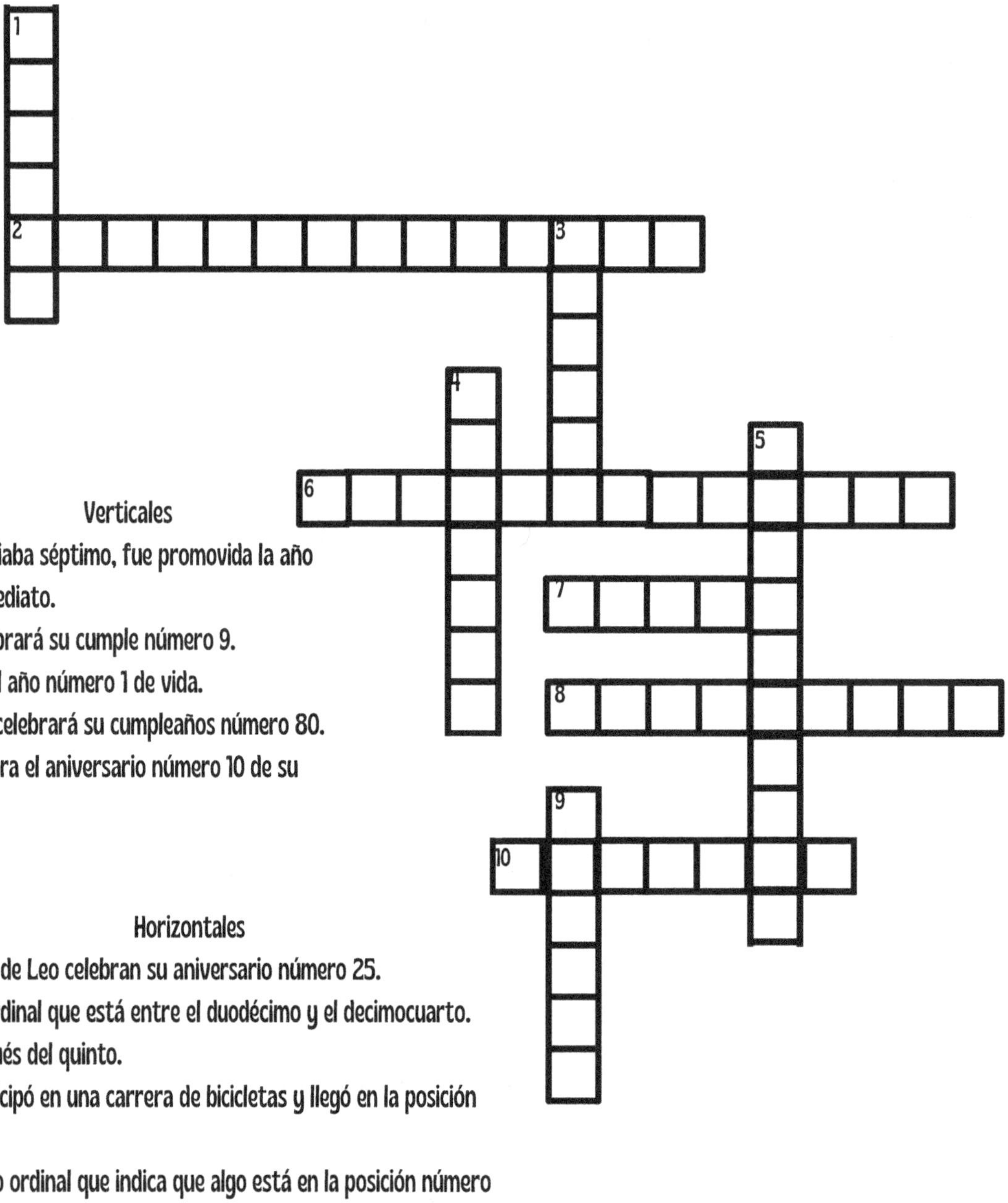

Verticales

1. Ana Estudiaba séptimo, fue promovida la año superior inmediato.

3. Leslie celebrará su cumple número 9.

4. Celebrar el año número 1 de vida.

5. Mi abuelo celebrará su cumpleaños número 80.

9. Luna celebra el aniversario número 10 de su negocio.

Horizontales

2. Los papás de Leo celebran su aniversario número 25.

6. Número ordinal que está entre el duodécimo y el decimocuarto.

7. Está después del quinto.

8. Katy participó en una carrera de bicicletas y llegó en la posición número 12.

10. El número ordinal que indica que algo está en la posición número 7.

Queridos lectores,

¡Gracias por embarcarse en esta emocionante aventura de lógica matemática conmigo! Ha sido un placer crear este libro de ejercicios pensado especialmente para mentes curiosas y creativas.

El apoyo de lectores como ustedes es invaluable para autores independientes como yo. Si tienen un momento, les agradecería enormemente si pudieran dejar una reseña en Amazon. Sus opiniones son cruciales para que más padres, profesores o adultos que aman la educación infantil encuentren estos ejercicios.

Los invito a visitar mi página en Amazon y al seguirme pueden acceder a los diferentes libros que estoy preparando para nuestros niños.

¡Gracias por contribuir a la comunidad de lectores y por hacer posible que más personas descubran este libro!

Con gratitud, Mariledys

Escanea para dejar tu comentario
o visitar mi página en Amazon

Escanea para recibir información y recursos gratuitos
o si necesitas acceder a material de solución o
respuestas de este libro.

También puedes escribir a
mariledys@educkidsonline.com